爆笑化学江湖

碳元素地盘怒扩张

王冶 —— 著

U0160752

中信出版集团 | 北方

图书在版编目（CIP）数据

碳元素地盘怒扩张 / 王冶著绘 . -- 北京 : 中信出版社 , 2024.4 (2024.10重印)
（爆笑化学江湖）
ISBN 978-7-5217-5736-1

Ⅰ . ①碳… Ⅱ . ①王… Ⅲ . ①化学－少儿读物 Ⅳ . ① O6-49

中国国家版本馆 CIP 数据核字（2023）第 086875 号

碳元素地盘怒扩张
（爆笑化学江湖）

著 绘 者：王冶
出版发行：中信出版集团股份有限公司
　　　　　（北京市朝阳区东三环北路27号嘉铭中心　邮编　100020）
承 印 者：北京尚唐印刷包装有限公司

开　　本：787mm×1092mm　1/16　　印　张：38　　字　数：1000千字
版　　次：2024年4月第1版　　　　　印　次：2024年10月第3次印刷
书　　号：ISBN 978-7-5217-5736-1
定　　价：140.00元（全10册）

出　　品：中信儿童书店
图书策划：喜阅童书　　　　　　　策划编辑：朱启铭　由蕾　史曼菲
责任编辑：房阳　　　　　　　　　营　　销：中信童书营销中心
封面设计：姜婷　　　　　　　　　内文排版：李艳芝

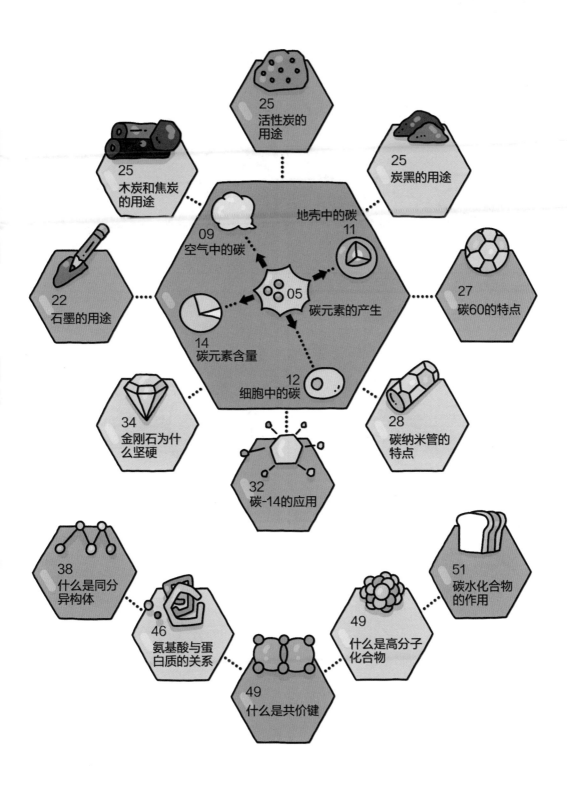

25
活性炭的
用途

25
木炭和焦炭
的用途

25
炭黑的用途

地壳中的碳
11

09
空气中的碳

05
碳元素的产生

27
碳60的特点

22
石墨的用途

14
碳元素含量

12
细胞中的碳

34
金刚石为什
么坚硬

28
碳纳米管的
特点

32
碳-14的应用

38
什么是同分
异构体

46
氨基酸与蛋
白质的关系

49
什么是共价键

49
什么是高分子
化合物

51
碳水化合物
的作用

野外露营的第二天……

糟糕，忘了带牙膏和牙刷了。

没关系的，没有那些也能刷牙。

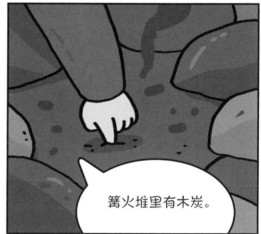

篝火堆里有木炭。

木炭可以当牙膏来用，能清洁牙齿。

但是我想告诉你，篝火是我用刷锅水浇灭的。

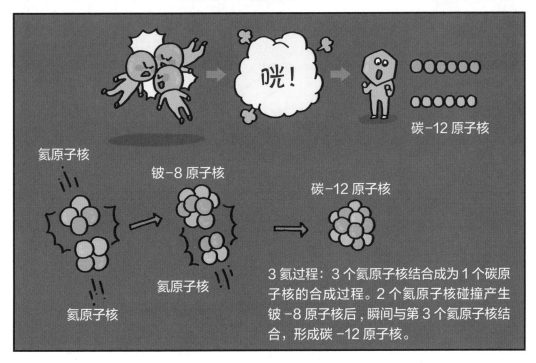

3 氦过程：3 个氦原子核结合成为 1 个碳原子核的合成过程。2 个氦原子核碰撞产生铍 -8 原子核后，瞬间与第 3 个氦原子核结合，形成碳 -12 原子核。

科学家认为，大约 138 亿年前的一次"大爆炸"诞生了宇宙。

宇宙最初只有一些气体和尘埃，元素只有氢和氦。

嗨！我是碳。

氦

氢

氦

恒星

碳

恒星诞生之后，恒星内部发生核聚变反应，3 个氦原子核聚在一起形成了 1 个碳原子核，碳元素就产生了。恒星就像一个生产元素的工厂，不断创造出新的元素。

碳

地球

在恒星演化末期，碳元素和其他元素被抛射到宇宙空间中。这些星际物质有一部分组成了行星，其中包括地球。所以地球上有碳元素。

外边没人了，关门吧！

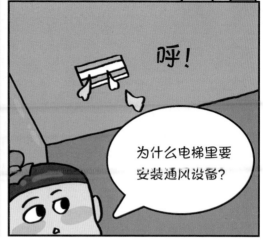

呼！

为什么电梯里要安装通风设备？

因为电梯轿厢的空间较小，空气不易流通。

乘坐电梯的人会吸入氧气，

氧气

呼出二氧化碳，使轿厢空气中的二氧化碳含量升高。

二氧化碳

再次吸气时，人们吸入的二氧化碳就会变多，如此下去，人体逐渐就会有缺氧的感觉。

二氧化碳

所以电梯内都会安装通风设备。

懂了。

如果电梯出现故障，我们被困在电梯里了，那该怎么办？

您好！电梯出故障了。

通过电梯内的对讲机或用手机拨打求助电话求救。

不要惊慌，不能在电梯内蹦跳，也不要击打电梯。

更不能在电梯内吸烟！

在空气中，碳以二氧化碳的形式存在，是空气重要的组成部分。

二氧化碳

二氧化碳

将二氧化碳气体加压降温可以得到固态的二氧化碳——干冰。

干冰

氧气

植物的光合作用离不开二氧化碳，植物吸收二氧化碳产生氧气。

吸收热量

气象部门利用飞机或者火箭弹向云层中撒布干冰，干冰在升华成二氧化碳气体的过程中吸收大量的热量，使水蒸气迅速凝结成小水滴，于是就下雨了，这就是人工降雨。

人类的呼吸也会产生二氧化碳。

庄稼不会缺水了。

石钟乳的形成原因 ▶▶ ▶

哇！这里好漂亮！

含有二氧化碳的水与岩石中的碳酸钙反应生成溶于水的碳酸氢钙。

石柱 ——
石钟乳 ——
石笋 ——

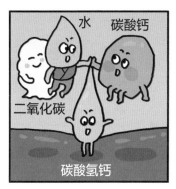

水　碳酸钙
二氧化碳
碳酸氢钙

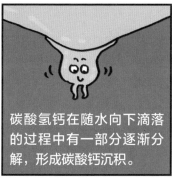

碳酸氢钙在随水向下滴落的过程中有一部分逐渐分解，形成碳酸钙沉积。

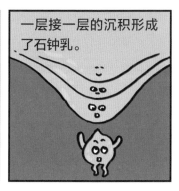

一层接一层的沉积形成了石钟乳。

碳酸氢钙滴落后继续形成碳酸钙沉积。

一层接一层的沉积就形成了石笋。

石钟乳与石笋连接起来就会形成石柱。

走啊，别看了。

我要等着看它们连起来。

石钟乳的形成非常缓慢，每年增长不超过3毫米。

那算了吧，没等它们连上，我早就饿死了。

碳在地壳中的含量约为 0.027%。金刚石、石墨以碳单质形式存在，以化合物形式存在的碳有煤、石油、碳酸盐矿物等。

石钟乳是碳酸盐岩地区洞穴内不同形态碳酸钙沉积物的总称。

碳酸盐矿物

石墨

煤

金刚石

古生物化石

天然气

石油

我感觉我的皮肤最近比较干。

是天气干燥的原因吧，你应该补充一下水分，减少身体细胞中水分的流失。

身体细胞中含有水分，由氧元素和氢元素组成。除此之外还含有其他元素，如碳元素。

1个水分子由1个氧原子和2个氢原子组成。

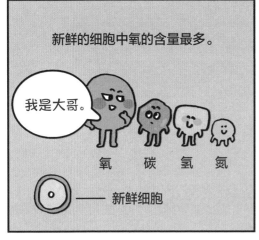

新鲜的细胞中氧的含量最多。

我是大哥。

氧 碳 氢 氮

—— 新鲜细胞

我现在是大哥了。

碳 氧 氮 氢

去除水分的细胞中碳的含量最多。

皮肤会因缺水干裂、脱屑、缺少弹性。

人们每天都应该补充足够的水分。营养学家建议成年人每天喝6至8杯水，儿童4至6杯水。

涂一些保湿润肤乳，也能减少水分流失。

男人也应该学会保养。

敷面膜也是一种为细胞补水的好办法。

把你的面膜给我敷吧！

那是我嚼的泡泡糖！

啊！

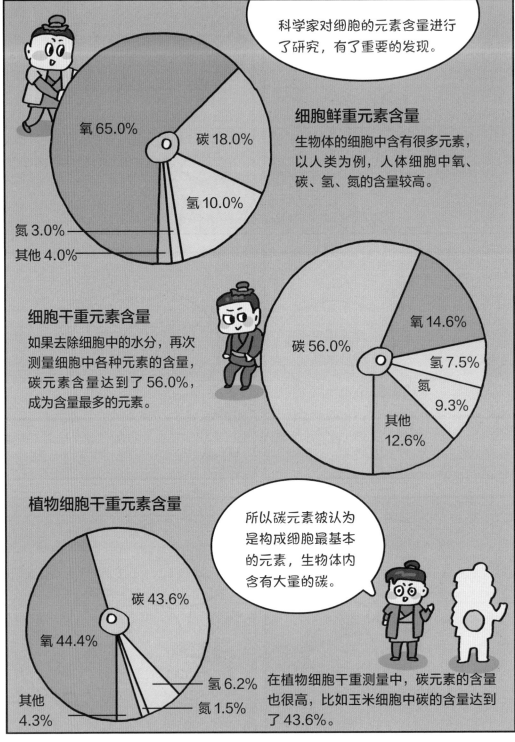

科学家对细胞的元素含量进行了研究，有了重要的发现。

细胞鲜重元素含量

生物体的细胞中含有很多元素，以人类为例，人体细胞中氧、碳、氢、氮的含量较高。

氧 65.0%

碳 18.0%

氢 10.0%

氮 3.0%

其他 4.0%

细胞干重元素含量

如果去除细胞中的水分，再次测量细胞中各种元素的含量，碳元素含量达到了 56.0%，成为含量最多的元素。

碳 56.0%

氧 14.6%

氢 7.5%

氮 9.3%

其他 12.6%

植物细胞干重元素含量

所以碳元素被认为是构成细胞最基本的元素，生物体内含有大量的碳。

碳 43.6%

氧 44.4%

氢 6.2%

氮 1.5%

其他 4.3%

在植物细胞干重测量中，碳元素的含量也很高，比如玉米细胞中碳的含量达到了 43.6%。

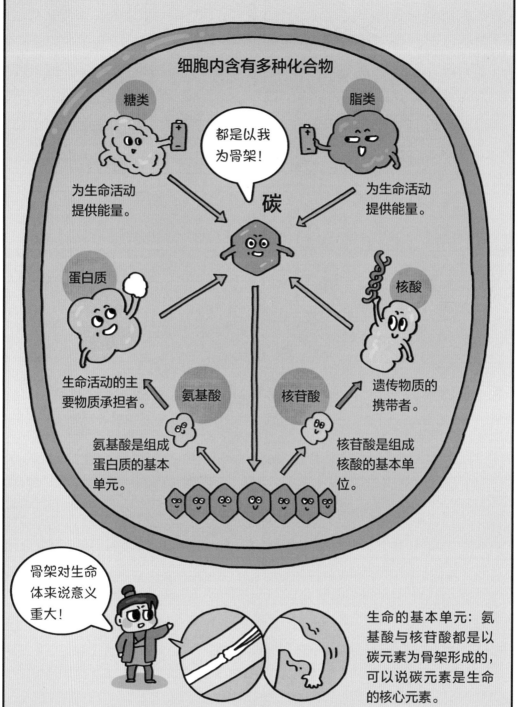

屋子里面好冷呀。

我看桌上有块煤，你去把它扔炉子里烧了吧。

好的呀。

煤是地球上重要的化石燃料和化工原料。

古代的植物死亡后，残骸堆积、埋藏到沼泽等覆水缺氧或少氧的环境中。

逐渐被微生物分解。

经历了漫长的年代的煤化作用……

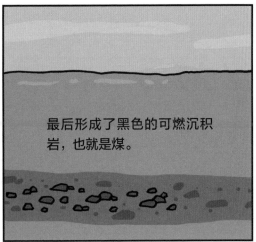

最后形成了黑色的可燃沉积岩，也就是煤。

我桌子上的煤精你看到了吗？

什么煤精？不就是块煤吗？

煤精主要是由松、柏等的残骸形成的，又称煤玉，是黑色的有机宝石。

我是煤中的精华！

被拿走了，准备扔到炉子里去烧。

烧了吗？

没烧呢。

没烧我就放心了。煤精比煤贵多了，一千多元可以买到一吨的煤，但只能买到几十克煤精，而且块越大越贵。

嘘！

你敲碎啦！

在远古时期，人类最早接触到的碳是闪电引燃树木之后留下的木炭灰。

咔嚓！

我要磨出一块漂亮的煤精饰件。

新乐遗址

煤精制品

新乐遗址是位于辽宁省沈阳市的新石器时代母系氏族聚落遗址。出土了 7000 多年前的煤精饰件和煤块，这说明中国是世界上最早发现并使用煤的国家。

2000 年前的古罗马时代，人们会使用煤来烧水。

3000 多年以前，中国古人会用木材来烧制木炭。

碳不是元素。

碳是一种元素。

1703 年，德国的化学家奥尔格·恩斯特·施塔尔认为碳是一种纯粹的燃素，而不是一种元素。

法国化学家拉瓦锡提出碳是一种元素，他的这种说法最终得到了其他科学家的认可。

门锁打不开了。找个开锁匠开锁要花不少钱。

先别着急找开锁匠，找东西润滑一下锁眼，没准能打开。

我现在身上也没有润滑油呀。

可以用铅笔芯屑。

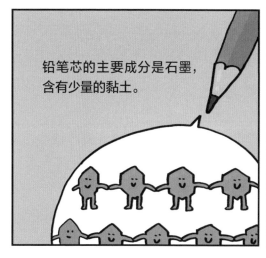

铅笔芯的主要成分是石墨，含有少量的黏土。

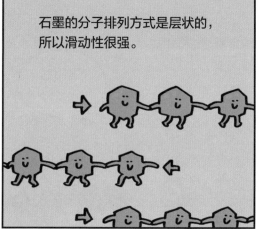

石墨的分子排列方式是层状的，所以滑动性很强。

铅笔书写起来很顺滑就是这个原因。

咔嚓！

咔嚓！

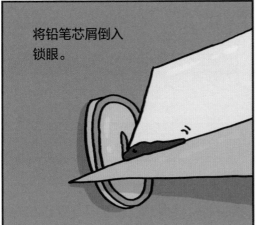

将铅笔芯屑倒入锁眼。

这也不管用啊，还是打不开！

咔！

咔！

你们开我家的门干什么？我可要报警了啊！

我走错楼层了！大哥，别误会。

原来不是你家呀！那当然打不开啦。

用指甲就能抠动!

石墨矿石

石墨是世界上最软的矿物之一,深灰色,半金属光泽,由碳单质构成。

在石墨晶体中,碳原子构成六角平面网状结构,这些网状结构又形成片层结构,石墨容易沿着与层平行的方向滑动,所以石墨很软,有滑腻感。

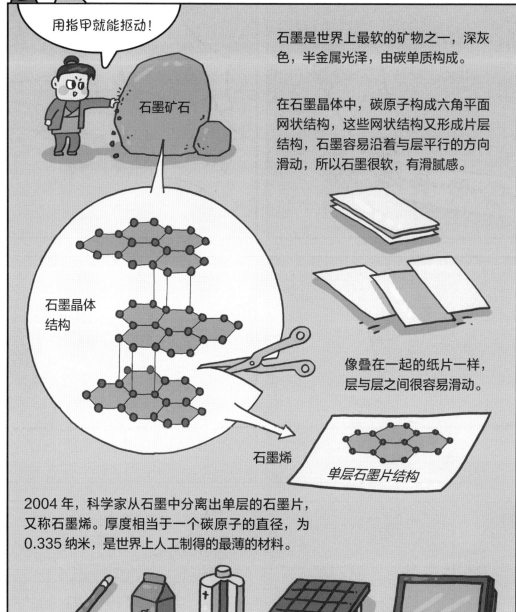

石墨晶体结构

像叠在一起的纸片一样,层与层之间很容易滑动。

石墨烯

单层石墨片结构

2004 年,科学家从石墨中分离出单层的石墨片,又称石墨烯。厚度相当于一个碳原子的直径,为 0.335 纳米,是世界上人工制得的最薄的材料。

铅笔芯　　食品包装　　电极　　　　　太阳能电池　　触摸屏

石墨和石墨烯有优良的导电性能、导热性能和光学性能,在高科技领域有广泛的应用。

你还没跟我说木炭为什么能当牙膏用呢?

这事你还记着呢啊。

因为木炭有很多小孔。这些小孔可以吸附其他更微小的颗粒。

所以它可以清洁口腔中的杂质。

但是使用后也需要漱口。

噢,原来是这样!

用水将这些东西一同吐出去，这样就起到了清洁牙齿和口腔的作用。

噗！

如果使用木炭刷牙不漱口，容易引发牙龈炎等病症。

哎呀，没有墨汁了。

别急，我有。

你怎么像乌贼一样！

噗！

早晨我用木炭刷牙没漱口。

生活中常见的木炭、焦炭、活性炭和炭黑都是由碳单质构成的。

木炭　　　　焦炭　　　　活性炭　　　　炭黑

木炭是木材经过不完全燃烧而得到的多孔固体燃料。

> 烧烤离不开木炭！

焦炭是煤在隔绝空气条件下被加热到990~1100摄氏度之后得到的不挥发物。焦炭燃烧时能释放大量热量，主要用于冶炼钢铁或其他金属。

高炉炼铁

活性炭表面有无数细小的孔隙，因此活性炭有巨大的表面积，有非常强的吸附能力，可以用于治理废水、废气。

防毒面具过滤装置中添加的就是活性炭，用来吸附毒气分子。

炭黑是碳单质微粒。

在点燃的蜡烛火焰上方放一个盘子，过一会盘底下方就会产生黑色物质，这就是炭黑，是制造墨汁的原料。

电子在导体内朝一个方向运动，形成电流。

电子在前进过程中与金属正离子发生碰撞。

这种碰撞阻碍了电子的前进，产生了电阻。

电阻会导致导体发热。

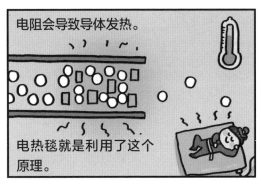

电热毯就是利用了这个原理。

超导体

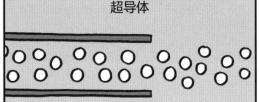

超导体没有电阻，电子流动时不会受到影响，不会发热及产生热量。

电阻的存在导致在制造一些电子元件的时候要考虑散热问题，所以这些电子元件的体积往往比较大。

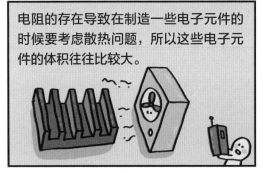

用碳60超导材料制成的电子元件不需要考虑散热问题。

所以可以做成很小的体积，节省空间还省电。

轻便多了。

如果用超导体做成一个电吹风，那一定会很省电吧？

省电是省电，但我估计吹不出来热风。

阿嚏！

碳 60 是由 60 个碳原子构成的具有封闭笼形结构的碳原子簇，是一种全碳分子，结构类似足球，碳 60 又被称为球碳、富勒烯。

真的很像足球。

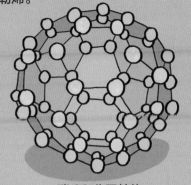

碳 60 分子结构

足球

把钾、铯、铊等金属原子掺进碳 60 分子笼内。

我们被关在了里面。

就能让碳 60 有超导性能。

用很少的电量就能使这种材料制成的电机长时间运转。

把碳 60 的球面上铺满氟原子。

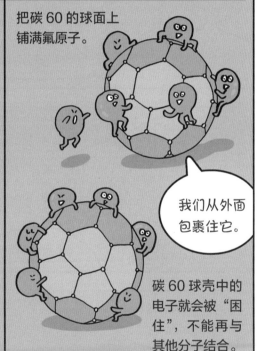

我们从外面包裹住它。

碳 60 球壳中的电子就会被"困住"，不能再与其他分子结合。

用这种方法可以制造超级耐高温的润滑油。

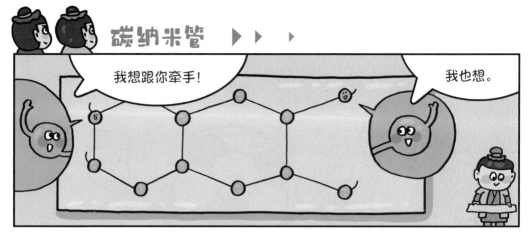

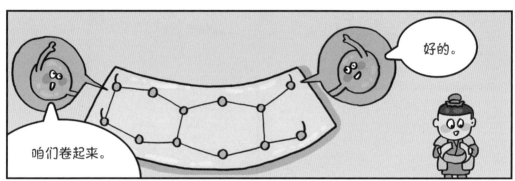

碳纳米管

碳纳米管

一层的是单壁碳纳米管。

1991 年，以管状形态存在的碳单质被发现，叫作碳纳米管，又称巴基管，纳米管的直径在几纳米至一百纳米之间，碳纳米管是由呈六边形排列的碳原子构成的圆管。

多层的是多壁碳纳米管。

相同体积下，多壁碳纳米管的强度是钢的 100 倍，质量却仅为钢的六分之一。

哈！

钢

好痛！竟然比钢还硬！

碳纳米管薄膜

多壁碳纳米管

由碳纳米管制成的触摸屏防水、耐敲击、防刮擦，还可以用于制作曲面的触摸屏。

10000 米深海

在巨大的压力下，碳纳米管被压扁。

浮上海面之后，碳纳米管恢复原状，证明碳纳米管具有非常好的韧性，可以用来作为制造弹簧的材料。

碳-14 是碳元素的一种具有放射性的同位素，它的半衰期长达 5730 年，这是什么意思呢？

碳-14　　5730 年后

再过 5730 年

碳-14 的原子核会向外放出粒子，转变为氮原子。

经过 5730 年碳-14 的放射性会"衰弱"一半。

再经历 5730 年碳-14 的放射性又"衰弱"一半。

利用碳-14 的这种特点，美国化学家威拉德·利比发明了碳-14 年代测定法，通过测量碳-14 的衰变程度来判定古生物化石的年代。

推算年代最久不超过 5 万年，年代太久的测不出来啊！

古生物活着的时候与外界一直进行着物质交换，体内碳-14 含量基本不变。

古生物死去后，停止呼吸，不再摄入碳-14，碳-14 开始衰变减少。

测量碳-14 的衰变程度就能推算出它的生存年代。

石墨，你想不想成为受万人追捧的金刚石？

有办法变吗？

石墨

金刚石

我有办法。你想不想呀？

嗯，想！

利用高温高压的环境，

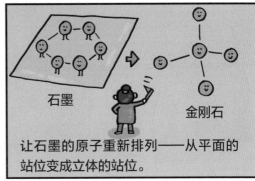

石墨

金刚石

让石墨的原子重新排列——从平面的站位变成立体的站位。

哇！我真的能变成金刚石？

到时，你就能切割玻璃了，

还能当研磨材料。

净干苦活呀，那我不变了。

能当钻头，

金刚石是大自然中天然存在的最硬物质，是由碳元素组成的单质。

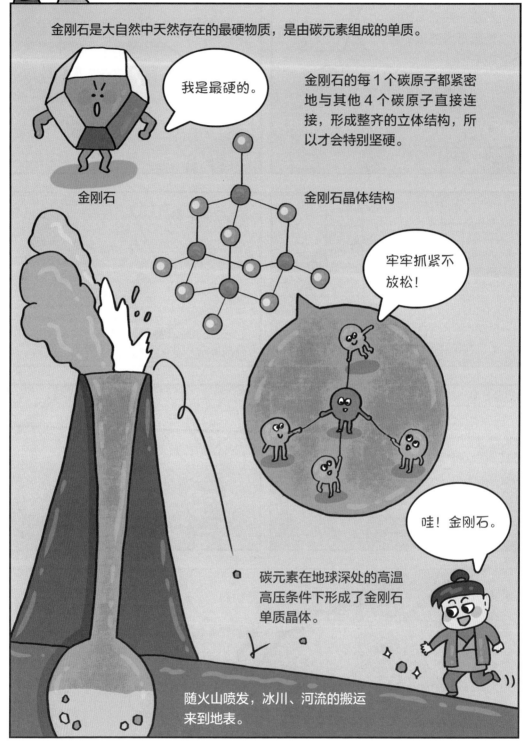

我是最硬的。

金刚石

金刚石的每1个碳原子都紧密地与其他4个碳原子直接连接，形成整齐的立体结构，所以才会特别坚硬。

金刚石晶体结构

牢牢抓紧不放松！

哇！金刚石。

碳元素在地球深处的高温高压条件下形成了金刚石单质晶体。

随火山喷发，冰川、河流的搬运来到地表。

是不是应该给我们这类含碳、氢的物质起一个总体的名称呀?

我想一想……

叫"碳物"吧?

我们还有氢呢!

那就叫"氢物"。

那我们还含有其他元素呢,不只有碳和氢!

我有一个想法,从你们的外形找共同点,然后想出一个名字。

有机化合物是含碳化合物（一些简单化合物，如一氧化碳、碳酸盐等除外）的总称，简称有机物。

有机物

碳　氢

氧　氮　　　　　　　氯　磷　硫

有机物是生命产生的物质基础，所有的生命体都含有大量的有机物。

以碳元素和氢元素为主，也包含氧、氮、氯、磷、硫等元素。

"有机"一词的英文为 organic，原意是"有生命的、生物的"，是指"与生物体有关的或从生物体来的"这种意思。

我们是有机体！

脂肪　　　　　　　氨基酸

我们都是有机物！

蛋白质　　酶　　叶绿素　　　糖类

动植物体内的脂肪、氨基酸、蛋白质、糖类、叶绿素、酶等都是有机物。

正丁烷碳原子的连接方式

异丁烷碳原子的连接方式

我喜欢交朋友！

世界上有机物的种类非常多，有上千万种，为什么有机物种类会这么多呢？这跟碳原子的"性格"有很大关系。

在化学反应中，大部分原子都想使电子层最外层拥有 8 个电子，使自己达到稳定结构。

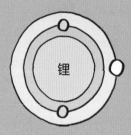

锂

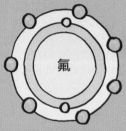

氟

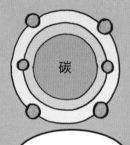

碳

碳的最外层有 4 个电子，既容易失去电子又容易得到电子。

锂的最外层有 1 个电子，容易失去电子。

氟的最外层有 7 个电子，容易得到电子。

你太大方了！

碳不但可以与其他元素形成化合物，碳原子之间也可以形成不同结构的分子。

碳

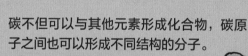

碳链

碳链与支链

想用几个都可以，随便拿。

碳环

碳链、碳环、支链

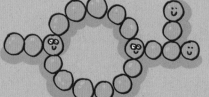

不同的结构，性质也不一样，这样就又形成了新的化合物。所以有机物的种类非常多。

那只鸟为什么要落到蚂蚁窝上让蚂蚁咬？

这种行为肯定有原因。

鸟是在利用蚂蚁分泌的有机物——甲酸。

鸟甚至会不停地扇动翅膀来刺激蚂蚁，让更多的蚂蚁爬到它的身上。

扑棱棱！

蚂蚁的嘴和尾刺会分泌甲酸，甲酸有刺激性气味。

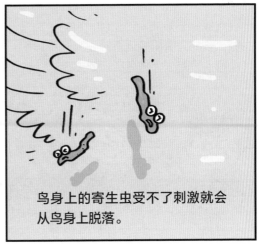

鸟身上的寄生虫受不了刺激就会从鸟身上脱落。

这儿有一只蚂蚁。

哎呀！好痛呀！

抹一些肥皂水，中和甲酸，能减轻疼痛感。

你看那边有一个蚂蚁窝。

千万别去碰他们。那是红火蚁。

红火蚁属于外来入侵物种，攻击性非常强。被红火蚁蜇咬后会产生火灼伤般的疼痛，严重者会休克甚至死亡。

这种比地面高出10~30厘米，松软的土堆可能就是红火蚁巢，千万不要去碰，可以拨打119或者110，让专业人士来处理。

进攻！

乙醇

又称酒精，有酒的气味。

用于消毒，也是工业原料。

甲醇

又叫木醇、木精，无色，有酒精气味。

用于制造甲醛和农药。

丙三醇

又称甘油，无色，无臭。

用于制造硝化甘油、甜味剂、化妆品。

甲苯

又名蚁醛，无色气体，有强烈刺激性和窒息性的气味。

用于制造消毒剂和防腐剂、树脂。

甲酸

无色，有刺激性气味，蜂类、蚁类的分泌物中含有甲酸。

是有机化工的原料。

苯酚

又称石炭酸，有腐蚀性。

用于制造杀毒剂、杀虫剂、显影剂。

他们是氨基酸!

嗨,你们好!

我是肌红蛋白,负责在人体内帮助肌细胞转运氧。

你好。

血红蛋白在人体内起到运输氧气和二氧化碳的作用。

纤维蛋白能保护细胞,增强肌体的强度。

胶原蛋白能让我们的皮肤有弹性。

球蛋白能提高我们身体的免疫力。

角蛋白能保养我们的头发和指甲。

我们这些蛋白质都是由氨基酸组成的。

氨基酸通过不同形式的组合，可以形成不同功能的蛋白质。

好厉害！

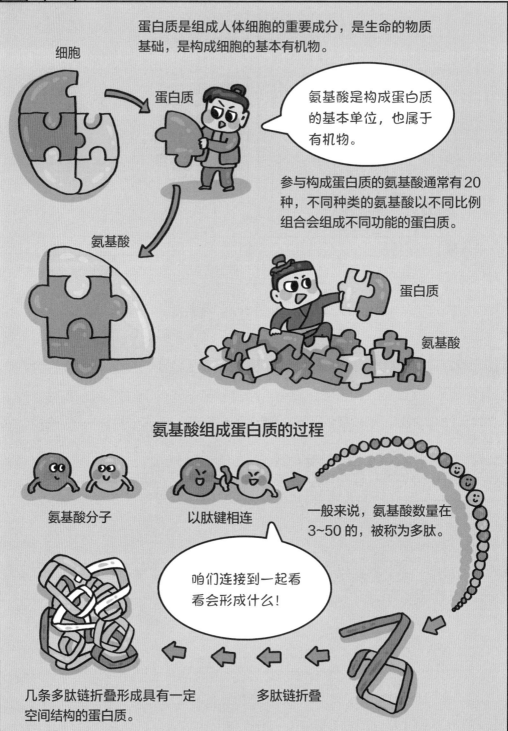

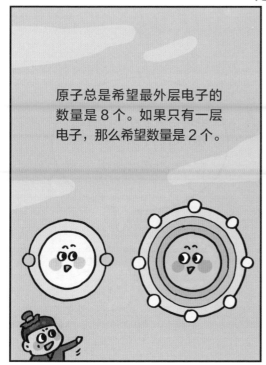

原子总是希望最外层电子的数量是 8 个。如果只有一层电子，那么希望数量是 2 个。

我是氢原子，我最外层只有 1 个电子。

我帮你想想办法。

我是碳原子，我最外层只有 4 个电子。

我也帮你想想办法。

你俩靠在一起，共用 1 个电子就行了。

我有 2 个电子了。

我还差 3 个电子。

我又找来 3 个氢原子，你们靠在一起吧。

现在我们都满意了。

我有点心跳加速和头晕，是不是助人为乐后心情有点激动导致的？

什么激动呀，你是缺氧了！你看你把它们组合成了什么？组合成了甲烷！它有危险。

我是世界上最简单的有机物。经常与我接触的人要注意防护，我在空气中的浓度过高时就会让人窒息。

甲烷

一般的有机物相对分子质量不超过一千。

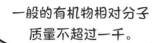

高分子化合物的相对分子质量高达几千甚至几百万。

高分子化合物

高分子化合物由许多原子以共价键相互连接而成。

共价键

氯原子的最外层有 7 个电子。

氯原子

氯原子

氯气分子的两个氯原子共用彼此的 1 个电子，形成共价键。

氯气分子

天然高分子化合物

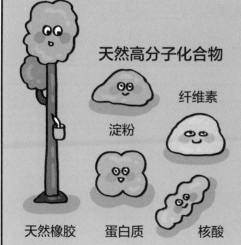

淀粉

纤维素

天然橡胶　蛋白质　核酸

合成高分子化合物

合成纤维

合成橡胶

合成树脂

合成塑料

我来出一道智力测试题，看谁能找出水和碳水化合物之间的相似性。

好呀！

水 碳水化合物

碳

氢 氧

氢 氧

开始！

我知道，它们都含有氢元素和氧元素。

对，但是还可以再进一步分析。

它们之间氢和氧的比例都一样！

$$\frac{\text{OO}}{\text{O}} = \frac{2}{1} = \frac{\text{OOOO}}{\text{OO}}$$

我来回答！我知道它们的相似性了。

水能喝，碳水化合物能吃。它们都能吞到肚子里。

你的注意力怎么是集中在食物方面啊？

哪方面你别管，你就说我找得对不对吧。

咕！

碳水化合物即是糖类物质，由碳、氢、氧三种元素组成，是自然界存在数量最多的有机物。

我们仨在一起就是碳水化合物。

因为碳水化合物中氢氧比例与水的氢氧比例相同，所以这类化合物被称为碳水化合物。

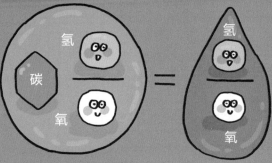

碳水化合物　　　　水

您的碳水化合物送到了。

我都快饿死了。

继续！加油！动起来！1,2,3,4；2,2,3,4!

细胞

肠　　胃

碳水化合物能为细胞提供能量。

碳水化合物还能起到调节脂肪代谢、增强肠道功能、解毒等作用。

根据碳水化合物能否水解和水解后的生成物，碳水化合物可以分为三类：单糖、低聚糖、多糖。

单糖	低聚糖	多糖

不能水解的最简单的糖。

蔬菜

水果

动物乳汁

水解时生成 2~10 个单糖分子。

蜂蜜、饴糖

食品甜味剂

食品、医药原料

水解时一般能生成 10 个以上单糖分子。

淀粉

纤维素

果胶

预防低血糖妙招 ▶ ▶ ▶

你吃早饭没啊？

我没吃。

没吃东西就出来跑步，小心低血糖。

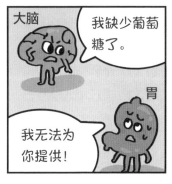

大脑

我缺少葡萄糖了。

胃

我无法为你提供！

缺少葡萄糖会导致身体出现四肢无力、心慌、面色苍白等症状。

甚至头晕、昏倒。

扑通！

来！吃块糖。

哦，我缓过来了。

加油！继续坚持！加油！

大哥，别喊了行不行？好像是你又在跑步一样。

现在是我在背着你回家去吃饭。以后随身带点糖。

人体每天摄入的碳水化合物应当保障肌体能量和营养的需要，要注意食物多样，合理搭配。

吃饭应该停在可吃可不吃的时候，也就是"八分饱"状态。

小麦、大米、玉米、西瓜、香蕉、葡萄、干果、豆类、胡萝卜、土豆等都可以提供碳水化合物。

碳水化合物 ➡ 消化分解 ➡ 葡萄糖

碳水化合物摄入不足

碳水化合物摄入过多

大脑功能维持正常离不开葡萄糖，如果血液中的葡萄糖浓度降低，人就容易出现头晕、心悸、昏迷等症状。

如果细胞中储存的葡萄糖已经饱和，多出来的这些葡萄糖会以脂肪的形式储存起来，就会造成肥胖。

这些送你们了，感谢你们出手相救。

哇！是钻石！

这也太贵重了吧！

嗨，别客气。

服务员，吃饭我买单，结账！

吃了这么多钱的呀！现金不够。

用它结账总够了吧？

这是人造钻石，也不算太值钱。

噢，当然不用了，碳少爷。

他们是我的救命恩人，在你这儿吃饭还用花钱吗？

原来我们救的不是一般人呀。

想不到这个小城是你家的。

哪里是小城呀，我带你们再去看看！

外面老大了，这些地方都是你家的吗？

是的。

对细胞来说，对它的结构和功能起支撑和决定性作用的是碳元素。

地球上的生命是"碳基生命"，我们人类的文明是"碳基文明"。

这就是我们"碳的世界"！

随着科学家对碳元素的研究和开发，未来在工业、材料、生物医学等领域，碳一定会有更广泛的应用。